一鍋搞定早午晚餐
零失敗的壓力鍋料理

研出版

壓力鍋裡發生的故事

在一年前差不多的季節，我正在努力地做著一件自己看似熟悉，但又覺得十分夢幻的事——製作一本自己的食譜。

由於喜歡創作，拍影片、寫故事在網上發表、攝影、繪畫……每樣都有興趣做，所以想到應該做一本自己的書吧？漫畫也好，小說也好，至少會用電子印刷做十本八本送給朋友，於是真的做了，不過只是唯一一本相集形式的旅遊日誌。多年以來慢慢的醞釀著這計劃，卻未有進一步行動。

直至去年有幸而且夢幻地能與研出版合作，做了第一本公開發行的食譜《極上蛋料理》，從它在各大書店的擺放位置及大家的口碑看來，成績也不賴吧？後來很快又能與其他作者合作做了第二本食譜，直到現在我都還是覺得很神奇。在這一年間，除了家人及閨蜜之外，很多朋友和舊同事都向我說：「原來你會烹飪，而且還出書了！」，跟著到朋友的烹飪學校分享料理，更開始和一些品牌合作，試試不同的料理器具，這種經歷和過往的工作形式實在截然不同，陸續挑戰各種新嘗試！感覺就如今次的壓力鍋料理，人生竟然能夠在短時間內產生了很多變化，而且效果也很好，甚至有些意想不到呢！真心感謝與 CS 的合作，讓我有機會嘗試這個有趣的、驚喜的挑戰——第二本個人的食譜誕生！

家人的支持令我感到無比幸福，你們信任及鼓勵我，令我可以放心去做，有你們成為我的家人，是我最大的榮幸。只是抱歉有時太忙，也會悶了太太，而且間中心煩氣躁時還會黑臉對待，真的對不起，我愛你。還有很多我的學生、和菓子老師及飲食界別的朋友打氣，使我可以繼續兌現和爺爺的承諾，做好自己的本分。爺爺，我的卡片上已經肯定地寫上：設計師、攝影師、料理導師、作者，而且每一樣也認真地在做！

CONTENTS

序

Part 1
湯品

Part 2
飯類

Part 3
肉類

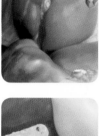

一學就會！壓力鍋使用心得

使用壓力鍋很困難？一點也不會，其實只要留意以下幾點，就能快速掌握壓力鍋料理的要訣，既安全又快捷，以後只要放好食材，調好壓力及計時器，就可以輕輕鬆鬆安坐客廳，等待美食出爐的一刻了！

1 使用壓力鍋，鎖水效果非常良好，有時可能會比一般爐具要用的水分更少，可以省卻把湯汁煮濃收乾水分的時間。

2 使用加壓功能時，切勿用中火或大火加壓，一定要把爐火降低，小火已經足夠，否則壓力太大，安全系統會令湯汁會由排氣口噴出。如果真的遇上這情況，先避免濺傷，把爐火熄滅及讓壓力鍋冷卻（如遠離爐頭和沖水等等），就可以停止以上情況。

3 會發脹及多泡的食材，要避免食材阻塞或由排氣口噴出，使用加壓功能時，最好不要載滿超過壓力鍋的 2/3 高度，鍋內有刻度提示。

4 太少食材（水分）可能難令壓力鍋加壓，可以盡
量把食材加多於 1/3 高度，或煮至沸騰時立即加
蓋，都會有效把壓力鍋立即加壓，再把爐火調
低。

5 一般壓力鍋至少有兩段速度，90 pa 和 60 pa，
即是壓力的數據，如果肉類或較硬的食材可以用
90 pa 高壓 / 高速，蔬菜或較軟的食材用 60 pa
低壓 / 慢速烹調，詳細可以參考說明書的介紹。

6 壓力鍋採用優質的鋼材，硬度非常高，但都要小
心使用，避免跌撞或令鍋身變形，影響其安全
性。氣伐及排氣口都要保持暢通，每次使用後都
要清潔和檢查。

7　使用壓力鍋時，排氣口會排出水蒸氣，請小心避免燙傷。排氣時，鍋內氣壓越大，排氣越多，會發出嘶嘶聲，請把爐溫降低一點，聲音會減弱。切記要完全排氣才可以打開上蓋。

8　壓力鍋的高壓高溫特點，比一般爐具能加快至原來 1/4 時間，用來烹調要長時間炆煮的食材如蘿白、豆類、肉類等等，有極佳效果。

9　由於高速高壓及鎖水功能，營養得以完美保存，也能使肉類更軟腍，味道也相對較易入味。

10　由於時間比一般爐具濃縮，請準備計時器計算烹調時間，切勿嚴重過時影響烹調效果。

188 年的廚具品牌
Carl Schmidt Sohn

德國卡爾牌（Carl Schmidt Sohn）
是世界上現存的歷史最悠久的德國
品牌之一，它於 1829 年在德國北
萊茵刀具名城索林根（Solingen）創
立，索林根自中世紀以來，因為
鍛造高品質刀劍、剪刀等刀具而聞
名國際，因此又稱作「刀具之城」。

德國卡爾牌具備了長達 188 年的悠久精湛工藝，本著德國最嚴格標準的生產技術，延續了產品慣有的簡約實用風
格，功能及設計完善更為品牌贏得了全球聲譽！

憑藉卓越的品質和簡潔雅致的
設計，品牌更榮獲德國極高榮
譽紅點（Red dot）設計獎 2012
及 IF 設計獎 2015。

品牌標誌演變

德國卡爾牌（Carl Schmidt Sohn） 是世界上現存的歷史最悠
久的德國品牌之一，它於 1829 年在德國北萊茵刀具名城索林
根（Solingen）創立，索林根自中世紀以來，因為鍛造高品質
刀劍、剪刀等刀具而聞名國際，因此又稱作「刀具之城」。

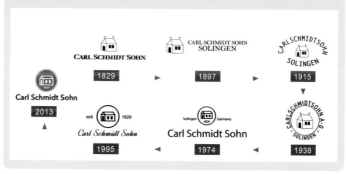

Part 1
湯品

時常聽到人說要「暖暖胃」，湯一口熱湯就有家的感覺。
世界各地都有自己特色的湯，而且營養豐富又充實，用
簡單食材和做法就可以。在家人辛勞一天回到家中之
後，給他們快快煮一個湯，溫暖起來。

 四色濃湯 素食

西蘭花菠菜濃湯

 2-4人 20mins

都市人時常多肉少菜，湯水也不足，但又沒太多時間煲湯。所以在日本有很多列車站商店街，也會有售賣濃湯的小店。壓力鍋的其中一個好處，是能夠快速地把食材煮軟，而且因為縮短了烹調時間，蔬菜會比長時間烹煮更能保持營養。配合手提攪拌棒，試著做濃湯小店大賣的幾個素菜濃湯吧！

材料

西蘭花	約 600 克
菠菜	約 100 克
沙拉油	2 茶匙

湯水

水	2 杯
鹽	1 茶匙

調味料

牛奶 / 豆漿	2 杯
橄欖油	適量
海鹽	適量
胡椒粉	適量
即磨黑胡椒	適量

做法

1. 把水和鹽混合成鹽水湯，亦可用其他上湯代替。
2. 西蘭花切成碎，並將莖部切成 2 厘米小塊，將菠菜切成 5 毫米寬。
3. 以中火加熱壓力鍋，放入沙拉油，加入西蘭花炒約 2 分鐘。
4. 再加菠菜炒約 1 分鐘，加入湯水。
5. 煮滾後加蓋，轉小火高壓力，加壓 6-7 分鐘後熄火降溫。
6. 排壓後打開蓋子，用刮刀攪拌一下。
7. 倒入牛奶，再以中火加熱，放海鹽、胡椒粉調味。
8. 盛於碗裡，加橄欖油和即磨黑胡椒更添風味。

粟米南瓜濃湯

2-4 人　20mins

材料

南瓜 ····	1/2 個（約 800 克）
新鮮粟米（切粒）······	2 條
沙拉油 ·············	2 茶匙

湯水

水 ·················	2 杯
鹽 ·················	1 茶匙

調味料

牛奶 / 豆漿 ···········	2 杯
橄欖油 ················	適量
海鹽 ·················	適量
胡椒粉 ················	適量
即磨黑胡椒 ··········	適量

做法

1. 把水和鹽混合成鹽水湯，亦可用其他上湯代替。
2. 用勺子把南瓜的種子和囊刮掉，切成 3 厘米的正方形。
3. 以中火加熱壓力鍋，放入沙拉油，加南瓜煮 4 分鐘。
4. 加粟米粒，炒約 2 分鐘，直到粟米粒半熟變透，加入湯水。
5. 其餘部驟依〈西蘭花菠菜濃湯〉第 4 至 7 步，完成。

Tips

● 如沒有新鮮粟米，可以 160 克罐頭粟米代替。

馬鈴薯大蔥濃湯

四色濃湯　素食

2-4 人　20mins

材料

馬鈴薯 ···· 4 個（約 600 克）
大蔥 ····· 2 條（約 200 克）
沙拉油 ················ 2 茶匙

湯水
水 ····················· 2 杯
鹽 ····················· 1 茶匙

調味料
牛奶 / 豆漿 ············ 2 杯
橄欖油 ················ 適量
海鹽 ·················· 適量
胡椒粉 ················ 適量
即磨黑胡椒 ··········· 適量

做法

1. 把水和鹽混合成鹽水湯，亦可用其他上湯代替。
2. 馬鈴薯去皮，切成 2 厘米小塊，大蔥斜角切片。
3. 以中火加熱壓力鍋，放入沙拉油，加馬鈴薯炒約 2 分鐘。
4. 再加入大蔥炒約 2 分鐘，加入湯水。
5. 其餘部驟依〈西蘭花菠菜濃湯〉第 4 至 7 步，完成。

 四色濃湯 素食

甘筍紅椒濃湯

 2-4 人　　20mins

材料

甘筍 …… 4 條（約 600 克）

紅甜椒 …………… 2 個

沙拉油 …………… 2 茶匙

湯水

水 ………………… 2 杯

鹽 ………………… 1 茶匙

調味材料

牛奶 / 豆漿 ………… 2 杯

橄欖油 …………… 適量

海鹽 …………… 適量

胡椒粉 …………… 適量

即磨黑胡椒 ………… 適量

做法

1. 把水和鹽混合成鹽水湯，亦可用其他上湯代替。

2. 將甘筍切成小塊、紅甜椒切成兩半，用勺子把種子和囊刮掉，再切成小塊。

3. 以中火加熱壓力鍋，放入沙拉油，加入甘筍炒約 2 分鐘。

4. 再加紅甜椒炒約 1 分鐘，加入湯水。

5. 其餘部驟依〈西蘭花菠菜濃湯〉第 4 至 7 步，完成。

夜香花海鮮冬瓜湯

 4-6 人 40mins

我是個「燥底人」，不是脾氣暴躁，是真的燥熱底子，但我尤其喜歡香口的食品，煎炸的、酥酥脆脆的就至愛，喉嚨小不免會受苦。媽媽有個絕技，一使出就立即令我清熱解暑 ——「夜香花海鮮冬瓜湯」登場！就是這個原因，夜香花就是有媽媽的味道。每到夏日就對媽媽嚷著要喝冬瓜湯，一次就喝了3大碗，泡飯吃也很美味呢。

材料

冬瓜	1 斤（約 600 克）
新鮮夜香花	80 克
新鮮粟米粒	100 克
蝦	300 克
帶子	100 克
乾響螺片	50 克
乾冬菇	4 隻
瑤柱	4 粒
雞湯	500 毫升
水	500 毫升
薑	3 片
蔥粒	適量
鹽	少許
胡椒粉	少許

做法

1. 瑤柱、冬菇、螺片浸水至軟身，瑤柱撕成細條，冬菇瀝乾切粒備用。浸用的水可保留代替清水加到湯中。
2. 蝦去 去腸，洗淨後切粒；帶子洗淨，各用少許鹽及胡椒粉醃半小時備用。
3. 夜香花洗淨，只要上半部，瀝水備用。
4. 原條粟米起粒，冬瓜用刀削皮，切小粒備用。
5. 燒熱壓力鍋，中火下 1 湯匙油爆香薑片，加入瑤柱和冬菇粒炒香。
6. 倒入雞湯和水煮滾，放冬瓜、粟米粒、蝦肉及螺片，加蓋煮滾後，中火用高壓力煮 25 分鐘。
7. 完成排壓後開蓋，加入夜香花、帶子粒煮 3 分鐘。
8. 熄火，加少許鹽調味，盛碗中加灑蔥粒即可。

Tips

- 如果沒足夠時間，可用鮮冬菇或加多一點螺片及瑤柱代替乾冬菇，清洗後直接放湯中煮，壓力鍋也能把螺片及瑤柱煮淋出味。
- 可加入雞肉粒或豬肉粒增添肉味，但我喜歡夜香花及海鮮清新的味道，所以在這食譜沒有加入肉類。
- 加入蟹肉也是不錯選擇，或隨意添加自己喜歡的海鮮到湯中，如貝類等等亦鮮甜可口。

 味噌豚肉蔬菜湯

 4-6人 20mins

日文中的「豚汁」即是味噌豚肉蔬菜湯。因為是最地道不過的日式家庭味噌湯,日劇《深夜食堂》中,每次也會在片頭出現,也是唯一寫在餐牌上的料理。我也會到一間日本家庭式料理小店,吃一個親子丼,加這碗味噌豚肉蔬菜湯,超滿足!親子丼在我上一本食譜《極上蛋料理》中已經介紹了,於是也把豚汁在家中學做起來。

材料

豬肉薄片	200 克
白蘿蔔	1/2 根
紅蘿蔔	1/2 根
鮮香菇(切粒)	4 朵
牛蒡(切片)	1/3 根
蒟蒻 / 芋絲	100 克
油豆腐皮	2 塊
板豆腐	1 塊
水 / 高湯	1500 毫升
長蔥(切蔥花)	適量
麻油	少許
味噌醬	3 湯匙
味醂 / 料理酒	2 湯匙
醬油	2 湯匙

做法

1. 燒熱壓力鍋加麻油,放豬肉薄片炒至轉色。
2. 加白蘿蔔、紅蘿蔔炒拌一下。
3. 按次序加入鮮香菇、牛蒡、蒟蒻、油豆腐皮、板豆腐。
4. 再加高湯,大火煮滾,蓋上煲蓋加壓轉小火煮 10 分鐘。
5. 把表面白沫清除,加入味醂 / 料理酒、味噌醬,可另加醬油調味。
6. 盛碗中加上蔥花,完成!

法式洋蔥湯

4-6人　30mins

這是個有淚有汗的料理！最初學切洋蔥，連我這個淚腺不太發達的人也哭得像失戀一樣。後來知道是因為洋蔥汁氣化刺激到眼，所以在切之前半小時放雪櫃冷凍一下，也有點幫助，類似失戀冷靜一下便會好點的感覺吧。其實以我之後的經驗，只要一把較鋒利的刀，乾淨利落的快手把它處理好，還沒有時間哭就做好了這菜，能盡快享受滋味又不用怕刺激！

材料

洋蔥	4 個
牛肉湯	1000 毫升
白酒	100 毫升
水	200 毫升
糖	2 茶匙
麵粉	1 茶匙
牛油	50 克
香葉	2 塊
百里香	適量
橄欖油	適量
鹽	適量
胡椒	適量
砵酒	適量
法式長包	適量
莫薩里拉芝士碎	適量

做法

1. 洋蔥去皮切絲備用。
2. 將橄欖油跟牛油放鍋中，開小火直到煮溶。
3. 放入洋蔥炒軟，並加入糖炒至金黃色焦糖化後，加入麵粉炒勻。
4. 加入白酒稍煮，放入牛肉湯及水攪拌一下。
5. 放入香葉及百里香拌勻增添香味。
6. 煮滾後加蓋以高速轉小火煮 15 分鐘。
7. 排氣後即成洋蔥湯，可加入砵酒拌勻，以少量鹽和胡椒來調味。
8. 上菜前預熱焗爐攝氏 210˚，把湯盛到焗盅內，把法包和芝士放在上面。
9. 入焗爐焗至芝士溶化，法包金黃香脆即可享用。

自家製雞高湯

120mins

烹飪料理的食材中，我猜出鏡率最高會是高湯吧！現代人一般都會使用市面售賣的高湯或湯粒，但如果可以不用熬煮一天半夜的時間，就能做出保證健康無添加的自家製高湯，有誰會想用防腐劑做料理？做一些金黃色的清湯用作烹飪，其實並不困難！你甚至可把清湯放在茶壺中，倒於茶杯內慢慢享用呢。

材料

雞殼（去肉的全雞）⋯⋯⋯ 2 隻
洋蔥 ⋯⋯⋯⋯⋯⋯ 2 個
西芹 ⋯⋯⋯⋯⋯⋯ 1 條
香葉 ⋯⋯⋯⋯⋯⋯ 2 片
水 ⋯⋯⋯⋯⋯ 3000 毫升

做法

1. 雞殼洗淨，去除內臟。洋蔥去皮切細粒，西芹切細粒備用。
2. 放雞殼入大鍋並加入清水蓋過面，以中小火煮至水剛剛冒氣泡，熄火取出雞殼以冷水清洗乾淨。
3. 壓力鍋放入清洗過的雞殼、洋蔥和西芹，加入 3000 毫升水，以大火煮滾。
4. 如有泡沫請先撇去，加蓋轉小火高壓煮 90 分鐘。
5. 放涼及自然排氣後，撇去油份及用篩網過濾雞骨、肉渣及其他雜質，也可用隔油紙再徹底過濾油份。
6. 當湯汁變得金黃清徹，就已經成為自家製雞高湯，可倒進冰格放冰箱冷凍成冰塊，再放到保鮮袋保存，使用時只取適當份量便可。

Tips

- 雞湯可以濃縮一些，以同等水份但加倍材料及更多時間熬煮，煮好後盛起材料並開蓋煮至更濃縮，使用時煮溶冰塊及加水稀釋便可。
- 可使用新鮮老雞 1 隻代替雞殼，或加入更多材料如金華火腿、甘荀、椰菜等等，增添豐富味道。
- 當然可以使用其他肉類以及骨頭，如牛骨、豬骨等熬煮各種高湯。
- 可加入白胡椒及大蒜等等香料，但若要味道清徹，請適量地使用。
- 由於壓力鍋在加壓小火的狀態下，材料不會過份翻騰，所以湯汁會較清徹。

 味噌豆腐三文魚頭湯 4人 25mins

我很怕吃魚頭、魚腩時滑滑的感覺，也可能是怕腥臭泥味，所以甚少做魚頭料理。後來，發現把它炸香後，我會吃得津津有味，另外就是把魚頭做湯，拌著豆腐和蘿蔔吃，也令我覺得鮮甜美味。原來我不是怕腥味的呢！泡飯吃了又吃，吃了兩碗，要做怎麼樣的減肥計劃好呢？

材料

三文魚頭（切件）……… 1 個
甘荀 ……………… 200 克
白蘿蔔 …………… 200 克
豆腐 ……………… 150 克
味噌 …………… 2-3 湯匙
昆布 ……………… 適量
水 …………… 1500 毫升
油 ……………… 少許

做法

1. 將油加入壓力鍋中燒熱，放入三文魚並稍煎。
2. 加入水，當水滾起時會有白色泡沫，將泡沫撇走。
3. 加入甘荀、白蘿蔔及昆布。
4. 加蓋以高壓中小火煮 15 分鐘。
5. 排氣後，將多餘的油脂及泡沫撇走，以味噌調味，最後加入豆腐煮 1-2 分鐘即成。

Tips

● 由於各種味噌濃度不同，可自行調節，我會使用低鹽的白味噌調味。

Part2
飯類

煮飯不是要用電飯鍋嗎?
其實可以用其他爐具煮出各式飯類,不用只煮白米飯!
而且很多種類的五穀米飯也有豐富營養。我不介意當一
個飯桶,日日有美味的米飯把我肚子填滿!

四色炊飯 素食

紫薯黑豆黑米飯

4人　40mins

據説在料理中加入某些食材就一定會大賣，而紫薯是其中之一！

其實紫色及黑色的食物都很有益。紫薯是很好的食材，當中豐富的花青素對多種疾病有預防和治療作用，可降低總膽固醇及甘油三酯，起到預防心腦血管疾病的積極作用。黑米有「珍貢米」、「藥米」之譽，所含粗纖維、礦物質及維生素比普通白米還高，黑米皮色素能舒緩疲勞和恢復精力，具有滋陰補腎、健脾暖肝、明目活血等功效。而黑豆含有花青素，抗氧化效果好、養顏美容，能促進腸胃蠕動。另外亦含有豐富的維生素 E 及 VE，能減少皮膚皺紋，保持青春健美。

用這 3 款食材做的料理，不止是顏色美麗這麼簡單呢！

材料

紫薯	200 克
黑米 / 糙米	360 毫升
黑豆	80 克

煮汁

水	540 毫升
鹽	10 克

做法

1. 先把水和鹽溶解拌勻，做成煮汁。
2. 黑豆洗淨後，放到壓力鍋以中火炒 10 分鐘，倒起放涼。
3. 紫薯去皮洗淨後，切成 1 厘米粒狀備用，黑米洗淨瀝水。
4. 黑米放入壓力鍋中鋪平，順序加入黑豆、紫薯，倒入煮汁。
5. 蓋上蓋子，大火煮滾，轉小火低壓煮 20 分鐘後熄火，靜置待其自然排壓。
6. 開蓋後把飯上下拌勻即可享用。

Tips

- 黑米可以用糙米代替。
- 緊記黑米是糙米，黑糯米是糯米，品種並不一樣。
- 可以在黑米中摻入白米。

牛油果菠菜意大利飯

有個有趣的料理,是把熟透的牛油果切片,加醬油及山葵進食,會有吃三文魚刺生的感覺!通常享用牛油果都是以拌菜形式,如放在沙律、壽司裡做料理。但牛油果和菠菜有超級高的營養價值,就試多用一點這兩種食材吧!這個青飯特別用了牛油果菠菜醬汁做調味,是個營養豐富、顏色特別的素食意大利飯。

材料

醬汁

牛油果	1 個
菠菜	2 顆（約 480 克）
橄欖油	1 湯匙
蒜	2 瓣
牛奶	100 毫升
黑胡椒	適量
鹽	1 茶匙

燉飯

義大利米	300 毫升
洋蔥（切碎）	1/2 顆
高湯	500 毫升
芝士碎	適量
杏仁片	適量

做法

1. 將牛油果切塊,菠菜不需要焯水,放入攪拌機中。
2. 將準備好的調味料:蒜、橄欖油、牛奶、杏仁片、黑胡椒,一起倒入攪拌機攪拌,成為菠菜牛油果醬汁。
3. 把橄欖油和洋蔥碎放進壓力鍋,用中大火炒香。
4. 加入義大利米以中小火炒 2 分鐘後,加入高湯攪拌均勻。
5. 蓋上蓋子,大火煮滾,轉中小火高壓煮 6 分鐘後熄火,降溫及排壓。
6. 把鍋蓋打開,加入牛油果菠菜醬汁,以中大火收乾多餘水分使燉飯更濃稠。
7. 加入芝士碎,蓋上玻璃鍋蓋把芝士碎融化,再把飯拌勻。
8. 盛碗中加杏仁片及撒上更多的芝士碎即可享用。

Tips

- 芝士碎可使用混合芝士,如巴馬臣芝士、車打芝士及蒙沙里拉芝士。
- 可使用素食高湯如香菇湯、菜湯等等,做成素食料理。
- 如果想加入肉類,可在炒洋蔥前,炒香煙肉及雞肉,夾起備用,直至最後加到燉飯中拌吃。

四色炊飯　素食

紅豆飯

4-6人　40mins

在日本，紅豆與米飯是喜慶中的拍檔，多款節慶食品如大福、御荻等和菓子也是以這個組合製成。鹹味的紅豆飯和甜味的和菓子，口味截然不同。蒸煮的紅豆飯也稱為「赤飯」，日本人煮紅豆飯時，紅豆要粒粒分明，煮得破爛被認為是一種壞兆頭，不同於和菓子使用豆蓉的做法。看見飽滿的紅豆及染成紅色的糯米，確是會令人感到歡欣的。

材料

糯米	550 毫升
紅豆	50 克
水	600 毫升
鹽	1/4 茶匙
糖	少許

芝麻鹽
黑芝麻	2 茶匙
細鹽	1 茶匙

做法

1. 糯米、紅豆分別洗淨後瀝乾水份。
2. 在壓力鍋中放入紅豆，倒入 600 毫升水。把糯米以濕潤的蒸布包裹好，放在蒸架上。
3. 蓋上蓋子，大火煮後加壓，轉小火低壓煮 5 分鐘後熄火，降溫及排壓。
4. 黑芝麻放入平底鍋，以小火炒香再加入細鹽炒勻，以製成芝麻鹽。
5. 壓力鍋中取出糯米和蒸架，不要壓破紅豆。把紅豆及紅豆水過濾分開。
6. 將 500 毫升紅豆水加 1/4 茶匙鹽倒入壓力鍋中，平均加入已蒸煮的糯米及紅豆。
7. 蓋上蓋子，大火煮後加壓，轉小火高壓煮 3 分鐘後熄火，靜置待其自然排壓。
8. 開蓋後把飯上下拌勻，可加少許糖調味，盛在碗中再撒上芝麻鹽即可。

Tips

- 可以 2:1 比例的黑芝麻和鹽，依喜好做更多芝麻鹽撒在飯上。
- 煮豆子、米飯這種會膨脹的食材，建議不要放進超過壓力鍋容量的 2/3 。
- 因為使用了壓力鍋，紅豆不用預先浸泡，避免紅豆煮得太爛。
- 紅豆飯正宗做法只使用糯米，蒸出的飯可能會較粘，可以在糯米中摻入 1 至 2 成的白米來降低粘性。
- 紅豆水可以大概 2% 鹽的份量作調味。

四色炊飯 素食

甘栗甘薯飯

 4-6人
 30mins

秋天的味道中，甘栗、甘薯也是我的「治癒食品」。栗子蛋糕、蕃薯糖水，甚至炒栗子、煨蕃薯等等簡單食品，也可以吃得津津有味。把兩種食材放在一起，最方便易做的料理，就是這個「黃金飯」。甘栗、甘薯的果肉也是金黃色，加上調味的飯，充滿活力的一碗炊飯，蠻有意頭呢！

材料

去殼栗子 ………… 150 克
甘薯 ……………… 150 克
白米 ………… 300 毫升
芝麻鹽 …………… 適量
（參考〈紅豆飯〉芝麻鹽做法）

昆布高湯
水 ………… 1000 毫升
昆布 ……………… 20 克

調味料
酒 ……………… 1 湯匙
醬油 …………… 1 湯匙
味醂 …………… 1 湯匙

做法

1. 甘薯去皮洗淨後切成 1 厘米粒狀，放入水中浸泡 10 分鐘，白米洗淨瀝水。

2. 在壓力鍋中倒入 1000 毫升水及昆布，再放好蒸架，把栗子放在蒸盤內。

3. 蓋上蓋子，大火煮後加壓，轉小火低壓煮 5 分鐘後熄火，降溫及排壓。

4. 取出栗子置於乾淨的布上，包起來搓揉去除皮膜，去皮的栗子切粒。

5. 盛起煮好的昆布高湯，用 450 毫升高湯加調味料，再放入洗淨的白米鋪平，栗子粒和甘薯粒放面。

6. 蓋上蓋子，中火煮後加壓，轉小火低壓煮 12 分鐘後熄火，靜置待其自然排壓。

7. 開蓋後把飯上下拌勻，盛在碗中再撒上芝麻鹽即可。

Tips

● 建議用日本金時蕃薯，皮是紫色，肉是金黃色，香甜又搶眼。

 古早味肉燥飯

 10 人　 45 mins

滷、魯、鹵，究竟哪個是肉燥飯的「滷」？餓了腦筋轉不動，盛一碗白飯，澆一勺肉燥，轉眼飯碗已經被清得光光。原來「鹵」字是正寫，後來才出現「滷」字，成為臺灣最常見的寫法，而「魯」則是取其音相近者。

有趣的是在臺灣北部，滷肉飯是以豬絞肉及醬油滷汁做成的醬汁拌飯料理；在臺灣南部則是指有滷汁五花肉塊的飯，所以在香港的臺式餐館，出現用字「滷肉飯」是使用滷五花肉塊，而「魯肉飯」或「肉燥飯」才大多是使用滷肉碎的情況。

材料

五花肉 / 免治豬肉	900 克
豬皮	300 克
水	2000 毫升
白飯	適量
蔥粒	適量

蔥末

紅蔥頭	5 顆
蒜頭	5 瓣
紅辣椒	1 條

調味料

五香粉	1 茶匙
肉桂粉	1/2 茶匙
醬油	4 湯匙
麻油	1 湯匙
鹽	1 茶匙
冰糖（打碎）	2 湯匙
米酒	4 湯匙

做法

1. 將豬皮洗淨，拔除細毛後放入沸水中，煮 15 分鐘至豬皮變得較軟。
2. 將煮好的豬皮取出，切成粒狀備用。
3. 五花肉剁粗粒或切幼條備用。
4. 將紅蔥頭、蒜頭去皮，洗淨切除頭尾後切末，紅辣椒洗淨切粒備用。
5. 壓力鍋以中火加熱，倒入適量的油，放入蔥末材料爆香至金黃色。
6. 加肉粒，炒拌至肉色變白及出油脂。
7. 加入五香粉、肉桂粉炒至香味散出。
8. 放入豬皮粒及其他調味料，炒拌至豬肉及豬皮上色。
9. 加水及轉大火煮滾後加壓，轉小火高壓煮 20 分鐘。
10. 排壓後開蓋攪拌，煮至湯汁濃稠即可。
11. 將湯汁澆在白飯或油麵上，撒一些蔥粒，請慢用。

Tips

- 古早肉燥會用到豬皮，在肉店可買到，含豐富膠原蛋白，是肉燥飯湯汁濃調的精髓。
- 煮完豬皮的水充滿膠質，可以保留用來代替材料中的水或當豬皮高湯使用。
- 五花肉剁粗粒或切幼條會較有口感，給人一點粗獷的感覺，免治豬肉則較細膩而方便一些。
- 最好的豬肉肥瘦比例是 4 份肥：6 份瘦，當然可以再自行調教呢！
- 滷好肉後把上面的油撈除，才不會太油膩。

Part3
肉類

肉類要軟腍,就要在時間、火力上下功夫。
依照一般肉類食譜的話,往往要十幾小時製作,實在不
是能以「家庭式」輕鬆做到。幸好新款的家庭爐具可以
幫忙一下,以高速做到理想效果。

砵酒燴牛尾

4-6人 30mins

有兩種酒的名字,我自己覺得很有趣——加勒比海盜的冧酒、又被稱為波特酒的砵酒。砵酒比起葡萄酒酒精含量較高,口感豐富厚重,通常作為開胃酒或飯後甜點酒享用。在 300 幾年前,一個酒商發現修道院主持混合兩種酒令葡萄停頓發酵,而高甜度和酒精亦耐於儲存,使之成為經典葡萄酒之一,這種成份更是煮牛尾的最佳材料!

材料

牛尾	1000 克
洋蔥	1 個
蕃茄	3 個
西芹	1 條
香葉	2 塊
蒜頭	2 粒
茄膏	2 湯匙
水	100 毫升
砵酒	300 毫升
油	適量
鹽	適量
糖	適量
黑胡椒	適量
薯蓉	適量

做法

1. 牛尾以滾水汆水,洋蔥、番茄、甘荀及西芹以大小差不多切件備用。
2. 加油到壓力鍋中燒熱,放入蒜頭、香葉爆香,加入洋蔥炒至軟身。
3. 放入茄膏略炒,然後加牛尾、蕃茄、甘荀及西芹。
4. 炒拌 2-3 分鐘,再加入砵酒及水煮滾。
5. 煮滾後加蓋,以小火高速煮 30 分鐘。
6. 排氣後開蓋,轉中大火醬汁煮稠,再加鹽、糖及胡椒調味即成。
7. 把薯蓉放碟中,淋上醬汁及牛尾。可能薯蓉會更受歡迎呢!

Tips

● 薯蓉做法請參考〈芝麻醬手撕雞肉拌薯蓉〉。

 西班牙燉辣肉醬

 4-6人　 30mins

燉辣肉醬是美國德州的「官方食品」，但有說是發源於墨西哥的，因當中使用了墨西哥辣椒。真相是西班牙料理，傳入美國後變化很大，加入了不同的材料。西班牙文 Chili con carne ，通常都叫作 Chili ，也就是「辣椒加肉」的意思，所以原先就是辣椒燉牛絞肉。不管是從什麼地方發源的，好吃就好了，愛嗜辣的不要錯過啊！

材料

免治牛肉	1000 克
鷹嘴豆	2 杯半
墨西哥辣椒（切粒）	1/2 杯
紅甜椒（切粒）	1/4 個
中型洋蔥（切丁）	1/4 顆
西芹（切粒）	2 條
紅蘿蔔（切粒）	1/3 條
乾辣椒	適量
奧勒岡葉	適量

湯汁

罐裝番茄	2 杯
番茄膏	2 茶匙
牛肉高湯	1 杯

調味料

辣椒粉	適量
鹽	適量
糖	適量
黑胡椒	適量

做法

1. 鷹嘴豆以清水過面浸過夜，煮前瀝乾水。
2. 中大火燒熱壓力鍋，加少許油，把免治牛肉炒至焦香。
3. 把鷹嘴豆、墨西哥辣椒和其他材料一起放入鍋中拌炒約 5 分鐘。
4. 加入湯汁材料，煮滾後蓋鍋蓋，轉小火以高壓煮 20 分鐘。
5. 排氣開蓋後再煮至較濃調，起鍋前加最後調味即可。

Tips

- 可加番茄切粒和不同種類的豆子，令味道層次更豐富。
- 墨西哥辣椒 Jalapeno pepper 可以樽裝醃漬的或其他綠色辣椒代替。
- 奧勒岡葉 Oregano leaf 可使用乾香草，較易買到。

椰香葡國雞

 4-6人   45mins

小時候爸媽會帶我們 3 兄妹到澳門旅遊，住一晚酒店。猶記得有一次晚上才找酒店入住，好幾間也客滿了，最後去到東望洋酒店有一間 2 樓的房間，窗口望出去卻是馬路，對於一個自小住在新界平原地區的小朋友，感覺很新鮮刺激。找到房間可以去吃飯了，每次菜式也有葡國雞的份，我時常會把它與那隻公雞聯想在一起，而且一直都記得當時未能接受的黑水欖。

材料

雞	1 隻
洋蔥	1 個
甘筍	300 克
馬鈴薯	300 克
咖哩粉	2 茶匙
黃薑粉	2 茶匙
香葉	2-3 片
濃椰漿	300 毫升
橄欖油	3 湯匙
清雞湯	50 毫升
白酒	2 湯匙
鹽	適量
糖	適量
椰絲	適量

醃雞調味料

咖哩粉	1 茶匙
黃薑粉	1 茶匙
鹽	1/2 茶匙
糖	1/2 茶匙
生粉	1 茶匙

做法

1. 將雞切件，把醃料拌勻，塗勻雞件，醃約 15 分鐘。
2. 洋蔥、甘筍、馬鈴薯切件，大小相約，備用。
3. 壓力鍋燒熱，加橄欖油爆香洋蔥，然後加入香葉和雞件，灑上白酒一起炒香。
4. 加入馬鈴薯及甘筍後，加咖哩粉、黃薑粉略炒勻，再加入椰漿和清雞湯。
5. 加蓋煮滾後，加壓以小火高壓煮 15 分鐘。
6. 排氣開蓋，轉中大火把醬汁收乾水份至較濃稠，加鹽及糖調味，撒上椰絲即成。
7. 如果要有烤焗風味，亦可用焗盤盛載葡國雞，灑上椰絲，放入已預熱 220 ℃焗爐焗 10 分鐘至金黃色即可。

Tips

- 傳統澳門葡國雞會加入番茄、黑水欖、葡國臘腸同煮，再加熟雞蛋及將葡國臘腸切片拌吃。

 日式叉燒

 4-6人 60mins

日本拉麵必備的配料日式叉燒，入口即溶、齒頰留香，好想親手做吧？

名稱雖然源於廣東的「叉燒」，但製法截然不同，而且不是燒烤食品，完全是另一個料理。在拉麵店見到拉麵師傅把熬肉切成薄片，其實已經熬煮了很長時間，來做個簡易版挑戰一下也不錯！

材料

五花腩肉 ………… 400 克
長蔥 ………… 1/2 根
生薑 ………… 1 片
蒜頭 ………… 3 瓣
油 ………… 1 湯匙

調味料
醬油 ………… 100 毫升
料理酒 ………… 100 毫升
高湯 ………… 200 毫升
冰糖 ………… 80 克

做法

1. 將一整塊的豬肉捲好，用棉線紮實地綑綁著，煮出來叉燒才不會鬆散，外貌較美觀。
2. 燒紅壓力鍋加 1 湯匙油，把豬肉表面煎至金黃，鎖住肉汁。
3. 放入調味材料、長蔥、生薑及蒜頭，蓋上「落蓋」再放蒸架壓在上面，以小火高壓煮 30 分鐘。
4. 熄火和排氣，將煮好的豬肉浸在湯汁中直至放涼後，肉連湯汁轉到保鮮盒或密實袋放雪櫃中冷藏，每次只切下需要的份量翻熱食用。

Tips

● 烹調時湯汁要蓋過豬肉才入味。
● 煮好的叉燒可以存放在冰櫃 10 天左右。
● 冷藏後的叉燒會較結實，容易切開；如煮熱了則較軟，難於處理。
● 不用壓力鍋的話，就要熬煮 2-3 小時了。

 角煮豚肉 4-6人 30mins

角煮豚肉近來頗受歡迎，相對於日式叉燒，啖啖肉的口感、豐富的厚油脂及入味的醬汁，令人聯想到上海菜東坡肉。既然有日式叉燒，我便笑稱角煮豚肉為日式東坡肉了。

材料

五花腩肉	1000 克
砂糖	3 湯匙
醬油	8 湯匙
料理酒	5 湯匙
蒜頭	6 瓣
長蔥	1 根
生薑	4 片
冰糖	40 克
清水	500 毫升

做法

1. 五花腩肉切成大方塊，蒜頭拍扁備用。
2. 壓力鍋內放入砂糖，用中小火將糖融化。
3. 待砂糖融化成琥珀色後，加入五花腩攪拌，令肉塊表面均勻上色。
4. 加入其他材料煮至沸騰後，以中火高壓煮 20 分鐘。
5. 排氣開蓋，攪拌煮至醬汁略為收乾即可。

清湯蘿蔔牛腩

 4-6人 60mins

有段時間在中環的平面設計公司上班，間中也會在午飯時間，到上環吃馳名的清湯牛腩和咖喱牛腩伊麵。排隊等候的時間要 15 分鐘以上，加上來回的行程，大概有半小時吧！還要理解店員的特別作風，忍耐力提高了不少。後來公司搬遷便少光顧，當想吃合心意的牛腩時，唯有在家中自己做。

材料

牛腩 …………… 800 克
白蘿蔔 ………… 500 克
薑 ……………… 4 片
蔥 ……………… 1 棵
牛骨湯 ……… 1000 毫升
冰糖 …………… 15 克
鹽 ……………… 適量

香料

八角 …………… 1 粒
月桂葉 ………… 10 片
花椒 …………… 1 茶匙
甘草 …………… 4 克
肉桂 …………… 4 克
草果（拍開）………… 1 粒
白胡椒粒 ………… 1 湯匙

做法

1. 大鍋放入牛肉，加水蓋過面開大火，煮滾後轉中火再煮 5 分鐘，拿出牛肉用清水沖洗乾淨。
2. 蘿蔔刨皮切厚片，每件約 2 厘米。
3. 壓力鍋中加油燒熱，下薑片用大火爆香，再加蔥及香料炒拌一下。
4. 倒進牛骨湯、冰糖，水滾後放入牛腩及蘿蔔。
5. 煮滾後加蓋，轉小火用高壓煮 45 分鐘。
6. 完成排氣後加少許鹽調味，即成。

Tips

- 牛腩最好揀選坑腩或崩砂腩，肉質較好。
- 可在湯汁中加入越南魚露，增添香氣。

 千層包心菜煙肉鍋 4-8人 30mins

捲心菜卷是日本人的家常菜，用廣東話唸的話有點像急口令，所以，有時我會叫它包心菜卷；廣東人喜歡炒菜，又會稱它為炒椰菜；間中把它切絲加醬汁做沙律，它又變成了高麗菜。其實我很喜歡這個菜，生吃味道清甜爽脆，又是炸千層豬扒時最佳的配菜，也可煮淋吸收湯汁，味道就會變得濃郁。捲心菜、包心菜、椰菜、高麗菜都只是名字，隨著地區和做法不同而轉變，就如現在我也有十數個稱呼了。

材料

包心菜 … 1 個（500-600 克）
黑豚肉片 ………… 250 克
煙肉 …………… 150 克
甘荀 …… 1 條（約 80 克）
薑 ………………… 2 片
黑胡椒碎 ………… 適量

湯汁

雞湯 ………… 200 毫升
醬油 ………… 2 湯匙
味醂 ………… 1 湯匙

做法

千層做法

1. 把包心菜瓣逐塊剝下來，清洗後瀝水，裁剪至差不多大小備用。
2. 甘荀去皮後切薄片；煙肉切成小段備用。
3. 肉片用鹽和胡椒粉調味。
4. 先放 2 塊薑片到壓力鍋專用蒸盤中，再以 1 層菜、1 層肉、1 層煙肉的次序排列，甘荀片隨意放在中間作點綴，重疊排好成千層蛋糕狀。
5. 把蒸盤放入壓力鍋中，加入湯汁材料。
6. 加蓋以大火加熱至可加壓時，轉小火低壓力煮 1-2 分鐘。
7. 排氣開蓋取起蒸盤，在湯汁中加適量生粉水煮至較濃稠。
8. 包心菜及肉可移到鍋中，或直接盛在碟中，淋上湯汁及撒一些黑胡椒碎即可享用。

簡易做法

1. 包心菜切以米字型切開 8 份，去芯，完整排列到壓力鍋專用蒸盤中。
2. 在狹縫中平均分佈肉片、煙肉及甘荀。
3. 其餘部驟依照「千層做法」步驟 6-9 即可。

烤蜜桃豬肋骨

4-6人　　90mins

在高級餐廳售賣的烤豬肋骨，動輒3、400元起，其實做法非常簡單而且便宜，加上和豬肉絕配的蜜桃，不只賣相好，味道更是層次豐富。話說這個料理是太太的研發，後來我改良及調校自家製日韓蜜糖燒烤醬，就算醃製其他肉類都可以，是個萬能醬汁呢！同學們都很喜愛這料理，於是太太會非常自豪地說：是我構思的啊！

材料

豬肋骨	1000 克
蜜糖	2 湯匙
蕃茜碎	適量
罐頭蜜桃	適量
水	500 毫升

日韓蜜糖燒烤醬

韓國辣椒醬	4 湯匙
黑糖	2 湯匙
酒	4 湯匙
醬油	2 茶匙
味醂	4 湯匙
蒜頭（切成蒜蓉）	4 瓣
蜜糖	2 湯匙
辣椒汁	適量

做法

1. 先把豬肋骨用針插刺小孔，醃醬汁會更入味。
2. 日韓蜜糖燒烤醬材料混和，把豬肋骨浸泡在內，醃 1 小時以上，放雪櫃冷藏隔夜更入味。
3. 醃好後，把所有材料放到壓力鍋，加 500 毫升水，水要蓋過豬肋骨。
4. 蓋上蓋子，大火煮後加壓，轉小火高壓煮 15 分鐘後熄火，排氣開蓋，豬肋骨此時應已相當鬆軟。
5. 把燒烤醬煮至較濃稠，基本上已可配上炆豬肋骨享用，如再放焗爐烤香及添加蜜桃後味道會更可口。
6. 放好烤盤，把蜜桃切片整齊地排在豬肋骨上，放入已預熱焗爐 210°C 焗約 5 分鐘。
7. 在豬肋骨上掃上蜜糖，再焗 2-5 分鐘。
8. 出爐後撒上適量蕃茜碎，完成。

Tips

- 韓國辣椒醬的份量可依喜好試味調節。
- 日韓蜜糖燒烤醬可一次製作較多份量，冷藏在雪櫃備用，可放置 1 個月以上。

韓式炆牛肋骨

 2-4 人　 45mins

韓國料理中除了韓國燒烤、炸雞、部隊鍋之外，韓式炆牛肋骨也是人氣之選。牛肋骨炆得軟腍，蘿蔔也吸收了肉汁，又香又軟熟，餘下的肉汁更是好下飯，在家中做好一大盤的話，吃得便宜又過癮。

材料

牛肋骨	400 克
白蘿蔔	100 克
紅蘿蔔	150 克
洋蔥	150 克
栗子	6 粒
冬菇	4 個
蒜頭	3 瓣

湯汁

牛肉高湯	500 毫升
梨蓉 / 梨汁	200 毫升
蠔油	1 湯匙
醬油	1 湯匙
味醂	1 湯匙
冰糖	30 克
麻油	1 湯匙

做法

1. 牛肋骨洗淨，以熱水將牛肋骨迫出血水，再清洗瀝乾備用。
2. 白蘿蔔及紅蘿蔔切大塊，洋蔥切條備用。
3. 先用壓力鍋放入蒜頭及牛肋骨煎香。
4. 加入其他材料略炒再加湯汁材料，煮沸後以小火高壓煮 25 分鐘，熄火後焗 10 分鐘即成。
5. 撈起牛肋骨及其他材料，餘下的肉汁可再煮至較濃稠，與牛肋骨拌吃。

Tips

● 餘下的牛肋骨肉汁，可放涼後冷藏儲存在保鮮袋中，留作之後再做料理用。

紅酒茄醬洋蔥釀肉丸

 3-6人　 60mins

茄醬肉丸是個經典菜式，每次到那間家品店聞到香味就很想吃。但平常吃到的肉丸都是一口大小，這次配合紅洋蔥，做了個如網球大小的加大版肉丸，切開來吃滿足感爆發！洋蔥肉丸的鮮甜味溶化到紅酒茄醬濃厚味道中，簡直是天衣無縫的配搭，強烈推薦與意粉拌吃！

材料

豬 / 牛絞肉	400	克
紅酒	100	毫升
紅洋蔥	3	顆
鹽	1	茶匙
醬油	1	茶匙
辣椒汁		適量
羅勒		適量
麵粉		適量

紅酒番茄醬汁

紅酒	650	克
茄醬	2	湯匙
番茄汁	2	湯匙
紅糖	1	湯匙
高湯	200	毫升
羅勒		適量
新鮮番茄粒		適量

做法

1. 先把絞肉用紅酒浸泡過，放雪櫃冷藏約 30 分鐘。
2. 將洋蔥剝掉外皮，切掉頂部及底部兩頭，挖空中間的部份。
3. 把一半的挖出來的洋蔥肉和羅勒都切成碎，加到絞肉中。
4. 加入醬油、鹽和辣椒汁，用手攪拌均勻。
5. 將絞肉團攪拌至開始黏稠的狀態，摔幾下增加肉丸的彈性。
6. 手沾一點橄欖油令絞肉不易粘手，平均分 3 份揉成肉丸，再沾一層薄薄的麵粉。
7. 壓力鍋燒熱加油，把肉丸表面煎香及固定形狀。
8. 煎好後待為稍涼，把肉丸釀到紅洋蔥中。
9. 除新鮮番茄粒外，將紅酒番茄醬汁材料放進原鍋中，以中大火加熱，攪拌均勻。
10. 醬汁煮滾後放入肉丸，加蓋後轉小火高壓力煮 10 分鐘。
11. 排壓開蓋，可先盛起洋蔥肉丸，開大火把醬汁收乾水份至較濃稠，淋到肉丸上，加羅勒及新鮮番茄粒即成。

Tips

- 絞肉可用豬或牛肉，我會以 1:1 的份量做肉丸，味道濃郁也有油脂香味，當然可以自行調整比例！
- 煎肉丸時可以表面煎得較香脆，口感與煮肉絕對會不同，多一點層次。

南法家鄉白豆鴨腿燉肉鍋

 4人　 60mins

法國南部家鄉菜中，最經典是以白豆與豬肉或鴨肉燉煮而成的燉肉鍋，法文名字 Cassoulet 來自傳統用來承裝這料理的圓寬底砂鍋 Cassole，想起來是一大鍋白豆和肉吊在火爐中的樣子，風味濃郁的燉菜就最適合冷天時吃。當然現在沒有大火爐可以整天都在燒着柴火取暖及煮食之用，以壓力鍋燉肉是不錯的選擇，只要最後轉移到焗盤或鑄鐵鍋稍焗，熱騰騰的燉肉鍋就可以快速上桌了。

材料

白扁豆	1 公斤
甘筍粒	300 克
洋蔥	2 個
蒜頭	6 瓣
丁香	2 粒
番茄醬	2 湯匙
清雞湯	2 公升
鴨油	4 湯匙
煙肉	300 克
五花腩	600 克
油封鴨腿	4 隻
土魯斯腸 / 豬肉腸	600 克
鹽	適量
黑胡椒	適量
麵包糠	適量

香草包

歐芹	適量
迷迭香	適量
百里香	適量
月桂葉	適量

（把以上香料放入布包內即可。）

做法

1. 白扁豆加清水過面 2 至 3 倍浸過夜，煮前瀝乾水。
2. 將丁香插進洋蔥，與白豆、蒜頭一同放入壓力鍋內。
6. 放入煙肉（切小片）及甘筍粒，以適量鹽及黑胡椒調味。
8. 加清雞湯煲滾，同時放入香草包，轉慢火用高壓力煮約 5 分鐘。
9. 排氣後開蓋，除去浮渣，加豬肉腸、五花腩再用高壓力煮 5 分鐘。
10. 完成排氣取出五花腩、豬肉腸，備用。
11. 白豆湯加番茄醬拌勻，慢火高壓力繼續煲約 20 分鐘。
12. 完成後取出洋蔥、香草包、蒜頭，開蓋繼續煮白豆番茄湯至較濃稠。
13. 煮湯期間，另外用平底鍋燒熱鴨油，加入油封鴨腿煎至兩面金黃。
14. 取出鴨腿備用，原鑊放入切件五花腩、豬肉腸煎至金黃後取起隔油。
15. 預備焗盤 / 鑄鐵鍋，先放上五花腩、豬肉腸，再倒進濃稠的白豆番茄湯，再放上油封鴨腿，最後灑上麵包糠。
17. 預熱焗爐至 200℃，焗 10 分鐘即成。

Tips

- 傳統做法會另做油封鴨腿，簡易版用現成的較慳時間，如現成鴨腿味道不夠濃，可先用鹽調味。
- 家鄉菜很隨意，可加入鵝肉、羊肉或任何現有的肉類。

# 蕃茄咖哩羊肉

 4人　 60mins

小時候以為咖哩就一定是啡黃色或紅紅的、辣辣的濃稠醬汁，後來青年反叛時期開始到處跑去冒險，去到很多外國人居住而感覺神秘的重慶大廈，試試他們家鄉不同種類的咖哩，果然大開眼界。其中一款是這個蕃茄口味的香料醬汁，酸酸的味道配合濃郁香味，微辣的咖哩令人胃口大開。有時候要領會新的挑戰，闖一闖才會持續成長。

材料

羊肉（切件）	600 克
洋蔥（切粗條）	1 個
蕃茄（切件）	3 個
香葉	3 塊
檸檬葉	2 塊
丁香	6 粒
肉桂	2 條
咖哩粉	3-4 湯匙
蒜蓉	1 湯匙
薑蓉	1 湯匙
油	少許
水	適量
鹽	少許

做法

1. 將油加入壓力鍋燒熱，下蒜蓉、薑蓉炒香，再加香葉、檸檬葉、丁香及肉桂炒約 1-2 分鐘。
2. 放入羊肉稍煎。
3. 加洋蔥及蕃茄炒勻（可加入適量水，但不要太多）。
4. 加蓋以高壓小火煮 50 分鐘。
5. 排氣後加鹽調味及將醬汁煮至濃稠即可。

Tips

● 可以牛肉或其他肉類做自己喜歡的口味。

 韓國人蔘雞

 1-2人   60mins

第一次到韓國首爾，當時韓風還未如此盛行，甚至那裡仍是叫做漢城。跟著旅行團導遊，少不免會到購物點去，但那誠實的導遊竟悄悄和我們幾個年輕人說：「看了就好，不一定要買，明白嗎？」後來到餐廳吃飯去，就是吃韓國人蔘雞，附上一杯韓國清酒，導遊先生建議大家，喝不慣清酒，可以加到湯中去。我們幾個相望微笑一下，就把清酒與導遊先生乾杯了，這是我唯一會記著的導遊先生。

材料

全雞 ……	1 隻（約 600 克）
人蔘 …………………	1 根
黃耆（青耆）…………	4 片
刺五加 ………………	6 根
丁桐皮 ………………	2 片
紅棗 …………………	2 顆
當歸 …………………	1 片
糯米 …………………	30 克
紅棗 …………………	6 顆
栗子 …………………	8 顆
蒜 ……………………	5 瓣
水 …………………	1500 毫升
粗鹽 …………………	適量
黑胡椒 ………………	適量
韓國清酒 ……………	適量

工具

牙籤 …………………	數根
棉線 …………………	2 條

做法

1. 先將糯米洗過去除水份，其他材料洗淨備用。
2. 在雞肚填入混合材料，包括蒜瓣、糯米、1/2 份量栗子及 1/2 份量紅棗。
3. 用棉線將缺口綁緊雞腿，另外用牙籤穿緊雞尾。
4. 用壓力鍋將水煲滾後，將雞隻及所有餘下的材料放入煲內，加蓋以小火高壓煮 30 分鐘，離火後讓雞在煲內炆著自然排壓，等待 15 分鐘以上。
5. 開蓋把人蔘雞盛到石鍋中，加入鹽和白胡椒調味即可享用。

Tips

- 最後也可以如導遊先生建議，加一點清酒到湯中去，增添香味。

手撕辣醬豬肉漢堡

6-8人　　60mins

話説這個漢堡不應該叫做漢堡，因為漢堡飽（Hamburger）的定義是當中要有漢堡排作餡料，其他用麵包夾著材料一同吃的，是應該叫三文治。不習慣吧！就叫漢堡算了。用了自家製的日韓蜜糖燒烤醬加強版，請參考一下＜烤蜜桃豬肋骨＞的材料，手撕豬肉吸收更多醬汁，來挑戰加強版的辛辣味道吧！

材料

豬肩肉	1000 克
漢堡麵包	6-8 個
沙拉菜	適量
紫椰菜絲	適量
凱薩沙拉汁	適量

香料

鹽	1/2 茶匙
辣椒粉	1 茶匙
蒜粉	1 茶匙
孜然粉	1 茶匙
芫荽粉	1/2 茶匙
即磨黑胡椒碎	適量

醬汁

日韓蜜糖燒烤醬	250 毫升
韓國辣椒醬	2 湯匙
辣椒汁	適量
雞湯	250 毫升

做法

1. 豬肩肉洗淨及抹乾水分，切大塊方便沾上香料。
2. 把香料拌勻置大盤中，放入豬肩肉，把香料平均沾於表面。
3. 醃好豬肉放入壓力鍋中，用大火煎香表面。
4. 倒進醬汁材料及雞湯，隨個人口味可加更多辣椒醬和辣椒汁。
5. 大火煮滾後加蓋煮至可以加壓，轉小火高壓煮 45 分鐘。
6. 紫椰菜絲用凱薩沙拉汁調味備用。
7. 排氣後開蓋撈起豬肉，用兩隻叉子撕成幼絲。
8. 醬汁用中大火煮至收乾濃稠，加適量醬汁在豬肉絲拌均。
9. 分開漢堡麵包煎香內部，順序放上沙律菜、辣醬豬肉絲和紫椰菜絲，愛辣者更可加入醃漬辣椒，添上火辣辣味道。

Tips

● 可改用長法包，中間切半，釀入辣醬豬肉絲餡料，同樣美味。

 芝麻醬手撕雞肉拌薯蓉 1人 20mins

對於正在減肥的我，營養師有些建議，其實不外乎是少糖少油，用蒸煮的方法去做料理。健康餐單上時常有清水煮雞胸肉、馬鈴薯及沙拉菜，感覺有些單調。試試用壓力鍋把健康的菜式，快速地做成較有品味的料理，健康料理也可以方便易做而又吃得滿足！

材料

雞胸肉 ····· 1 片（約 220 克）
馬鈴薯 ····· 1 個（約 150 克）
沙拉菜 ················· 適量
蕃茄 ···················· 2 片
牛油 / 忌廉 ············· 適量
鹽 ······················ 適量
芝麻醬 ················· 適量
白芝麻粒 ··············· 適量
即磨黑胡椒碎 ········· 適量

做法

1. 馬鈴薯洗乾淨，去皮切小塊。
2. 雞胸肉切開一半，用鹽及胡椒調味。
3. 壓力鍋加 2 杯水煮滾，放配件蒸架，把馬鈴薯塊及雞胸肉放蒸盤入鍋中，加蓋高壓小火蒸 10 分鐘。
4. 排氣開蓋取出材料，雞胸肉用手或兩隻叉子撕成幼絲，拌適量芝麻醬調味。
5. 馬鈴薯放大盤中，用壓薯器壓爛或以攪拌機攪爛，趁熱加入牛油、忌廉、鹽調味。
6. 若要薯蓉有幼滑口感，將已壓過或攪爛的薯蓉放在反轉的篩網上面，用括刀把薯蓉括過篩網，薯蓉會變得如膏狀幼滑，再加以調味。
7. 薯蓉加即磨黑胡椒碎及粗鹽粒，最後伴沙拉菜、蕃茄享用。

Tips

- 留意如果要絕對控制油份，請盡量減少或避免使用牛油、忌廉及醬汁。
- 可把芝麻醬換成其他料理中的肉汁，如韓式炆牛肋骨的醬汁也不錯。

 南瓜排骨盅

 4-6 人   40mins

如無記錯，第一個自己做的料理應該是蒸排骨。小學 2、3 年級時，大約 8、9 歲左右，媽媽要出外工作，幾兄妹上小學下午班，上學前就自己煲飯蒸排骨做午餐。豉油、糖、粉、油，最簡單不過的調味，加一點點胡椒粉或者豆豉也好。後來當然要向媽媽學一些進階做法 —— 南洋風味加粵菜，也不難呢！

材料

南瓜	⋯⋯⋯⋯⋯⋯	1 個
排骨	⋯⋯⋯⋯⋯	450 克

調味料

椰漿	⋯⋯⋯⋯⋯	100 毫升
紅咖哩	⋯⋯⋯⋯⋯	1 湯匙
豉油	⋯⋯⋯⋯⋯	1 湯匙
糖	⋯⋯⋯⋯⋯	3 湯匙
魚露	⋯⋯⋯⋯⋯	少許
胡椒粉	⋯⋯⋯⋯⋯	少許
檸檬葉（切絲）	⋯⋯⋯	1 塊
香茅（切小段）	⋯⋯⋯	半條

做法

1. 將南瓜洗淨，壓力鍋中加 2 杯水，煮滾水後放南瓜在蒸架上以小火高速蒸 5 分鐘。
2. 排氣開蓋，取出南瓜，稍為放涼後切開頂部，並取出瓢及籽。
3. 蒸煮南瓜期間，將排骨洗淨後用調味料醃 30 分鐘。
4. 以另一鑊將排骨煮至約 7 成熟。
5. 將排骨放在南瓜中，蓋上南瓜頂
6. 將南瓜放鍋中加蓋，小火高速蒸 5 分鐘後排氣，即成。

Part4
海鮮

甜、酸、苦、鹹都是味覺的基本元素，而加上第五味——
鮮味，構成我們對偏愛追求食物要鮮的原因。
海鮮就藏有很多鮮味了，最好味的海鮮就是原汁原味，
把海鮮煮太久就會流失味道，試試跟著食譜做，把五味
都放到嘴裡去！

味噌煮鯖魚

 2-4 人
 25mins

出來工作之後,有時間也想和舊同學聚聚,難得在附近地區上班,於是間中也會一起午餐,記得其中有一次吃了鰻魚飯。記得的原因不是味道的關係,而是那天半夜我到急症室了!鰻魚這麼軟的骨頭,也可以卡在喉嚨大半天,所以怕吃魚的原因之一,是怕卡骨。用壓力鍋做味噌煮鯖魚,連魚骨也軟化了,可以大口吃下去。

材料

鯖魚	1	條
牛蒡	1	條
薑	2	片
水	300	毫升

醬汁

味噌	4	湯匙
料理酒	5	湯匙
醬油	1	湯匙
味醂	1	湯匙

做法

1. 鯖魚切件。可用雪藏鯖魚,如有新鮮鯖魚,可以橫切成 2 厘米圓餅狀。
2. 牛蒡去皮切成 5 厘米長幼條,薑去皮切片。
3. 除味噌外,壓力鍋加入醬汁材料煮沸,加入鯖魚、牛蒡及薑片。
4. 加蓋以高壓小火煮 15 分鐘。
5. 排氣開蓋後,以醬汁在湯勺中溶解味噌,並加到鍋中。
6. 輕輕拌勻後,盛起鯖魚和牛蒡至碗中。
7. 醬汁用中大火煮至收乾濃稠,調味後在淋在鯖魚和牛蒡上即可。

 花膠碗仔翅

 2-4人　 30mins

廉價的碗仔翅是平民美食，隨著生活水平提升，開始加入不同材料。肉類會用到豬肉絲、雞肉絲、魚膠，配料更加會用較高級的食材，如花膠或魚唇等等。記得還有手推車小販的年代，家居附近有個地方被稱作「為食街」，各式各樣的小販檔如碗仔翅、魚肉生菜、粉仔、牛雜⋯⋯街坊朋友間現在還會叫那裡作「為食街」，但小販檔已經消失了。

材料

雞肉	200	克
冬菇	8	隻
乾木耳	30	克
急凍花膠仔	6-8	隻
素翅	250	克
雞湯	600	克
冬菇水	600	克

調味料

生抽	2	茶匙
老抽	1	茶匙
麻油	2	茶匙
糖	1/2	茶匙
胡椒粉		適量

芡汁

馬蹄粉	6	湯匙
水	6	湯匙

做法

1. 用水浸發冬菇及木耳，冬菇水留下備用。
2. 將雞柳、冬菇、木耳及花膠切絲，粗幼相若。
3. 把雞湯及冬菇水放入壓力鍋中煮滾後，加入所有材料。
4. 煮滾後加蓋，以高壓小火煮 15 分鐘。
5. 排氣後下調味。
6. 將馬蹄粉加水調至無粉粒成芡汁。
7. 將芡汁慢慢加入鍋中，邊下邊不停攪拌至合適稠度即成。

Tips

- 享用時可以加入紅醋提升味道，亦可以加一點茅台酒，層次更豐富。

日式海鮮炊

和同學第一次到日本旅遊,不是選東京、大阪,而是去了北海道!愛吃的我一定會吃長腳蟹,還有其他新鮮海產,用高湯煮熟吃,滋味永遠難忘!最後我把原本是拌吃的米飯,加到最後的湯中煮,成為了海鮮炊,大家都很快樂的吃到超飽。現在來個變奏版,用壓力鍋快速蒸煮好海鮮及粥,鮮味被保留得更多!

材料

膏蟹(中小型) ⋯⋯⋯ 2 隻
海蝦 ⋯⋯⋯⋯⋯ 300 克
大蜆 ⋯⋯⋯⋯⋯ 300 克
珍珠米 ⋯⋯⋯⋯⋯ 1 杯
昆布 約 ⋯⋯⋯⋯ 20 厘米
柴魚片 ⋯⋯⋯⋯⋯ 15 克
香菇 ⋯⋯⋯⋯⋯ 100 克
水 ⋯⋯⋯⋯⋯ 1200 毫升

做法

1. 把海鮮洗淨,膏蟹切件,海蝦剪鬚及尖角備用。
2. 大蜆用攝氏 50˚溫水浸 15 分鐘吐沙。
3. 放水及昆布至壓力鍋,用小火煮至有微泡就可以熄火,再蓋上玻璃蓋子焗 5 分鐘。
4. 夾起昆布後,用煲湯魚袋放入柴魚片,放昆布湯內再煮 1 分鐘後取出魚袋。
5. 煮好昆布柴魚高湯後,加入洗淨的珍珠米及香菇,以大火開始煲粥。
6. 放上配件蒸架及蒸鍋,先把海蝦及已吐沙的大蜆放在蒸鍋中,加蓋高壓小火 3 分鐘。
7. 排氣開蓋,把蒸鍋抽起傾斜,讓海鮮汁流到粥內,可先盛起海蝦及大蜆享用。
8. 用湯勺攪拌一下粥底,然後再放蒸架及蒸鍋,加上膏蟹,加蓋高壓小火再煮 8 分鐘。
9. 排氣開蓋,把蟹黃放粥內拌勻,美味的海鮮炊完成!

Tips

● 我會喜歡把粥煮至濃稠,口感綿滑。

甜品

幾乎人人愛吃甜品，因為人人都喜歡甜入心！
做甜品往往都要花一點時間，所以很多時寧願去店舖吃
便算了。可是，自己做的甜品才是真正令人甜入心的原
因！來做快捷而窩心的甜品吧！

 紅酒煮梨

 4人   30mins

說到用紅酒做的料理，法國甜品紅酒煮梨是必然的選擇。紅酒煮梨和聖誕節的暖酒 Mulled wine 像是兩姊妹，材料也很相似，但紅酒煮梨可以微暖或冷凍享用，梨子清甜可口，在我想像中就是較清純的妹妹開始成熟了的感覺，很可愛！

材料

啤梨	4 個

紅酒醬汁

紅酒	750 毫升
肉桂枝	1 支
丁香 / 八角	2 粒
月桂葉	2 片
橙汁和橙皮	1/2 個
檸檬汁和檸檬皮	1/2 個
糖	220 克
水	150 毫升

伴碟

果仁	適量
雲尼拿雪糕 / 鮮忌廉	適量

做法

1. 先將梨留下果蒂，刨皮去芯，底部稍為削平，備用。
2. 用壓力鍋把紅酒醬汁材料一起加熱煮滾。
3. 紅酒醬汁滾後放入梨，調細火用低壓煮 10 分鐘。
4. 熄火和排壓後開蓋，撈起啤梨垂直放到容器中，把紅酒醬汁加至容器，放涼後冷藏 12 小時以上。
5. 上菜前，把紅酒醬汁用平底鍋煮至濃稠如蜜醬淋於碟邊，拌果仁、雲尼拿雪糕或鮮忌廉同吃。

Tips

- 啤梨香氣獨特，與紅酒和肉桂很合襯，可選小鴨梨，清甜而且體型小，更易入味。
- 選半透的梨，不會煮太爛。
- 橙皮和檸檬皮只用有顏色的部分，用白色內皮會苦澀。
- 煮梨時可加落蓋在面，再放蒸架壓在上面，令梨可以完全浸於紅酒裡。
- 浸漬的容器不宜太寬，加至 6-7 分滿會有些少漸變色效果，若要完全染紅色，請把梨完全浸沒。
- 若沒有丁香，可以八角代替。

 # 簡易藍莓芝士蛋糕

有一個我印象深刻的藍莓芝士蛋糕故事。

畢業後工作的第 2 年，一間公司請我做新開發的多媒體製作部的主管，希望會再請人手和我一起開拓市場。後來因為市道不景，公司沒有把我的部門擴大，我的部門就只有我一個人了。反而之後請了一個接待員，也是一個人的部門呢！當其他人在忙而我閒著的時候我會和她聊聊。突然有一天，她說要到外國讀書了，最後一天上班時，她請了我們吃她親手做的藍莓芝士蛋糕。那蛋糕酸酸的味道，現在還記得。

材料

餅乾底

消化餅	100 克
牛油（融解為液態）	35 克

蛋糕

忌廉芝士	375 克
糖	100 克
雞蛋	2 個
酸忌廉	95 克
牛奶	75 克
雲呢拿香油	少許
低筋麵粉	10 克

藍莓醬汁

藍莓	150 克
糖	30 克
檸檬汁	2 茶匙
粟粉	2 茶匙
水	1 湯匙

模具

6 寸活底圓形蛋糕模

做法

1. 消化餅碾碎，加入已融化的牛油拌匀；蛋糕模內預先鋪好烘焙紙。
2. 把混合後的餅底材料鋪在圓模裡壓實，放入雪櫃冷藏 30 分鐘。
3. 用大盤放入忌廉芝士和糖，座熱水用攪拌器徹底拌匀至幼滑狀。
4. 分兩次把雞蛋加入拌匀，再加入酸忌廉、牛奶和雲呢拿香油，篩入低筋粉後完全拌匀。
5. 倒入鋪好餅乾底的圓模裡，輕輕敲打蛋糕模幾下，把表面的泡泡弄走。
6. 在壓力鍋裡加入 2 杯熱水，放好蒸架。
7. 蛋糕模用錫紙包好底部，上面也蓋上錫紙，防止水滴在蛋糕表面，再放到壓力鍋裡。
8. 蓋好後以中火低壓焗 20 分鐘。
9. 排壓後開蓋，在鍋內靜置 15 分鐘，拿出完全放涼後，放雪櫃中冷藏至少 6 小時或隔夜。
10. 另外用小鍋，放入藍莓、糖和檸檬汁，以中小火煮至藍莓爛開成藍莓醬。
11. 粟粉和水拌匀開成芡水，一邊倒入藍莓醬中一邊搞拌至濃稠，放涼後在享用時淋在芝士蛋糕上面即可。

Tips

- 藍莓醬汁也可參考＜天然手工果醬＞做法。

日式紅豆甜湯加湯圓

 12人 45mins

紅豆沙紅噹噹，一向是喜慶節日、結婚嫁娶的最佳甜品，由口甜到入心呢！南方人在冬至時，更要吃湯圓取其意頭團團圓圓，一家人團聚在一起。在日本也有一家紅豆甜湯店，流傳著一個故事，兩夫婦到店內要一人份甜湯分成兩碗，代表夫妻關係很好，分甘同味的意思。當然，我們可以一家人分享著一窩甜湯，大家也會幸福快樂喔！

材料

紅豆甜湯

小紅豆	200 克
大紅豆	400 克
水	4000 毫升
冰糖 / 片糖	200 克
陳皮	4 片

湯圓

糯米粉	240 克
水	180 毫升
黑芝麻蓉	100 克
片糖	適量

做法

紅豆甜湯

1. 先將紅豆以清水洗淨，用小紅豆易煲溶，大紅豆則較有口感。
2. 陳皮浸熱水，刮去白色果囊部分。
3. 將陳皮、半份冰糖及紅豆加到鍋中，大火煮滾，蓋上煲蓋加壓轉小火煮 30 分鐘。
4. 依照個人口味，把甜湯收乾水份至甜湯濃稠度，最後加入餘下冰糖調味。

湯圓

1. 將水慢慢加入糯米粉中，用手搓揉成團狀。
2. 捏出一塊小糯米團（約 40 克），煮滾水將小糯米團煮熟。
3. 撈起小糯米團瀝乾水份後，放回原來的糯米團中。
4. 搓揉均勻，直到不黏手，這步驟會令湯圓煙韌彈牙。
5. 把糯米團分成 12 份，小糯米團放於在雙手間搓圓，用拇指按壓中間成一小窩。
6. 將黑芝麻蓉放入，收口捏緊。
7. 放在手心中搓揉成為圓形，煮滾水後放入湯圓，浮起後就可將其轉至紅豆沙中。

Tips

● 我家鄉的做法是放小粒片糖做餡呢！

圓肉雪梨木瓜燉雪耳

 4-6人　30mins

圓肉、雪梨、木瓜、雪耳——只是聽到也會令人心甜的材料，總是與「滋潤」掛鉤。我比較少做中式糖水，會做的有基本的紅豆甜湯、腐竹白果糖水、喳咋等等，都是用豆子做的。燉雪耳糖水清徹得厲害，同時又有很厚很滑的口感，想起來也像女士護膚塗的水潤精華呢！

材料

雪梨	2 個
木瓜（小）	2 個
雪耳	2-3 個
南杏	20 克
北杏	20 克
圓肉	數粒
冰糖	2-3 塊
水	1000 毫升

做法

1. 雪梨去皮去芯切件，木瓜去皮去籽切件。
2. 雪耳浸軟及剪小塊備用。
3. 將水放壓力鍋中煮滾，並把其他材料加入，加蓋以小火高壓煮 30 分鐘。
4. 排氣開蓋後，按個人口味加入糖調味即成。

Tips

- 建議先放入 1-2 塊糖，最後才再加入適量糖調味。
- 有些雪耳口感較腍，容易被煮至溶化在糖水內，感覺滋潤；也有些較挺身、有咬口些，可隨自己喜好選擇。

草莓、藍莓果醬

最經典的果醬一定是草莓果醬，而藍莓就是她的雙生兒。用壓力鍋做果醬能用很短時間就做好，而且能把天然色素保留，所以色彩較豔麗。把紅紅紫紫的顏色塗到麵包上，就如在畫版上塗顏料一樣興奮。

草莓果醬 (成品約 300 克)

材料

草莓 ……………… 800 克
砂糖 ……………… 240 克
檸檬汁 …………… 2 湯匙

做法

1. 草莓洗淨去除葉蒂，晾乾後切粒。
2. 放草莓粒到壓力鍋，加砂糖、檸檬汁，攪拌一下。
3. 加蓋以大火煮至可加壓，轉小火低壓煮 15 分鐘。
4. 排氣開蓋，轉回大火邊煮邊攪拌至收乾水份變濃稠，放涼即可。

藍莓果醬 (成品約 350 克)

材料

藍莓 ……………… 800 克
砂糖 ……………… 300 克
檸檬汁 …………… 2 湯匙

做法

1. 直接把放藍莓放到壓力鍋，加砂糖、檸檬汁，攪拌及按壓一下。
2. 以大火煮及攪拌至砂糖溶化，加蓋轉小火低壓煮 20 分鐘。
3. 排氣開蓋，轉回大火邊煮邊攪拌至收乾水份變濃稠，放涼即可。

天然手工果醬

薑汁香橙醬

40mins

只是看到那發亮的金色橙絲,已經感到芳香撲鼻而來!加薑汁的構思果然沒有令人失望,配搭
朱古力醬一起吃,早餐感覺精神百倍!

材料 （成品約 350 克）

香橙 …… 2 個（約 400 克）

砂糖 …………… 100 克

檸檬汁 ………… 1 湯匙

薑汁 / 薑蓉 ……… 1 茶匙

做法

1. 香橙以鹽搓揉表面,把蠟去掉,用布抹淨鹽份。
2. 切開 4 份後把果肉起出,果皮以熱水燙 2 次,去除苦澀味,
   拭乾後切細絲。
3. 果肉切碎,放到壓力鍋中,加入果皮絲。
4. 加砂糖、檸檬汁,攪拌一下,以大火煮至釋出果汁。
5. 加蓋轉小火低壓煮 20 分鐘。
6. 排氣開蓋後轉回大火,加入薑汁 / 薑蓉。
7. 邊煮邊攪拌至收乾水份變濃稠,放涼即可。

Tips

● 喜歡薑味者,可以增加薑汁份量,並把果醬煮得較乾身,
  果皮、果肉一絲絲的很有咬勁,薑味更和橙香溶合起來!

奇異果醬

天然手工果醬

30mins

曾經吃過一款韓國製的果醬,是草莓、青奇異果和金黃奇異果三色果醬,其中的青奇異果醬口味很特別,令我時時掛念著。既然那麼特別,不如就自己動手做吧!

材料 (成品約 400 克)

奇異果 ····· 8 個 (約 800 克)
砂糖 ················· 200 克
檸檬汁 ············· 1 湯匙

做法

1. 奇異果去皮切粒。
2. 把奇異果放到壓力鍋中,可加入適量的清水用勺子壓碎果肉。
3. 加砂糖、檸檬汁,攪拌一下,以大火煮至釋出果汁。
4. 加蓋轉小火低壓煮 20 分鐘。
5. 排氣開蓋後轉回大火。
6. 邊煮邊攪拌至收乾水份變濃稠,表面有光澤,放涼即可。

Tips

● 選擇比較熟的奇異果,容易煮腍而且較甜。

Part6
嬰兒食品

小寶寶半歲大，就開始要食營養豐富的嬰兒食品。
為最心愛的寶貝做料理，當然要給他們最好的。藉着壓
力鍋高溫高速的特性，把健康有益的食材造成菜泥，把
營養及天然鮮味通通保留給最愛。

甘筍、南瓜、青豆菜泥

兩個妹妹生的孩子，和我也相當有緣，自小已經跟我玩耍及傾心事。話說裕淳在 3 個月大時，便開始穿著 6 個月大寶寶的衣服，看到我們進食時也想吃一份；而另一個外甥霈彥，1 歲多就和我們到酒店吃自助餐，吃羊架的畫面把侍應生也嚇到。他們都是吃得之人！我猜不用多久，裕淳也會嚷著吃固體食物，就讓舅父做一些料理給你吧！

此食譜以甘筍、南瓜、青豆菜泥作示範例子。但 BB 在不同階段要吃不同食物（同時或交替進食），可向醫生諮詢選用什麼材料最適合。

材料

甘筍 / 南瓜 / 青豆 / 木瓜 /
馬鈴薯 / 粟米

做法

1. 小甘筍洗淨瀝水備用。
2. 也可以用大甘筍去皮、切塊（大概 3 厘米的大小）。
3. 南瓜也是去皮、切塊；青豆洗淨瀝水備用。
4. 壓力鍋中加 2 杯水，煮滾水後放甘筍或其他材料在蒸盤蒸架上以小火高速蒸 10 分鐘。
5. 蒸好之後放涼，再放到攪拌機或以放盤內用手提攪拌器裡打成泥即可。

Tips

- 壓力鍋溫度高，能殺菌消毒，而且營養會被保存得更好，十分適合用作處理 BB 食品。
- 打成菜泥後，可用製冰盒製成冰磚，再放到保鮮袋保存。
- BB 要享用菜泥時，只要取出適當份量，加熱消毒就可，很衛生。
- 小甘筍可以直接洗淨使用，亦較甜又可口，方便衛生不用去皮。
- 如使用其他蔬菜，宜只用葉子較軟的部份，其他比較硬的部份如莖部則不要給 BB 了，自己吃吧！
- 每個 BB 喜歡吃的軟硬口感不同，可於加熱時添加奶、水或自家製的雞湯調整軟硬度。
- 如青豆或粟米有較硬的殼，可於攪拌成菜泥之後，用篩網過濾，做出幼滑口感，可參考「芝麻醬手撕雞肉拌薯蓉」的做法。

一鍋搞定早午晚餐
零失敗的壓力鍋料理

作者　　　安彥 arionc

總編輯　　Ivan Cheung
責任編輯　Sandy Tang
文稿校對　Stephanie Kwan
封面設計　Eva
內文設計　Eva

出版　　　研出版 In Publications Limited
市務推廣　Evelyn Tang
查詢　　　info@in-pubs.com
傳真　　　3568 6020
地址　　　九龍彌敦道 460 號美景大廈 4 樓 B 室

香港發行　春華發行代理有限公司
地址　　　香港九龍觀塘海濱道 171 號申新證券大廈 8 樓
電話　　　2775 0388
傳真　　　2690 3898
電郵　　　admin@springsino.com.hk

台灣發行　永盈出版行銷有限公司
地址　　　新北市新店區中正路505號2樓
電話　　　886-2-2218-0701
傳真　　　886-2-2218-0704

出版日期　2017 年 10 月 27 日
ISBN　　　978-988-78267-6-7

售價　　　港幣 $88 / 新台幣 $390